Trinh Xuan Thuan

Íntegra das entrevistas

NOMES DE DEUSES

a Edmond Blattchen

Trinh Xuan Thuan

O agrimensor do cosmo

TRADUÇÃO

Maria Leonor F. R. Loureiro

Editora UNESP

UEPA

Título original em francês: *Trinh Xuan Thuan. L'arpenteur du cosmos.*

Praça da Sé, 108
01001-900 – São Paulo – SP
Tel.: (0xx11) 3242-7171
Fax: (0xx11) 3242-7172
Home page: www.editora.unesp.br
E-mail: feu@editora.unesp.br

Dados Internacionais de Catalogação na Publicação (CIP)
(Câmara Brasileira do Livro, SP, Brasil)

Trinh, Xuan Thuan

Trinh Xuan Thuan: o agrimensor do cosmo / tradução Maria Leonor F. R. Loureiro. – São Paulo: Editora UNESP; Belém, PA: Editora da Universidade Estadual do Pará, 2002.

Título original: Trinh Xuan Thuan: l'arpenteur du cosmos.
"Íntegra das entrevistas Nomes de Deuses de Edmond Blattchen"
Bibliografia.
ISBN 85-7139-427-X (UNESP)

1. Astrofísica 2. Ciência – Filosofia 3. Cosmologia 4. Religião e ciência 5. Trinh, Xuan Thuan – Entrevistas I. Título. II. Título: O agrimensor do cosmo.

02-5367 CDD-523.01

Índice para catálogo sistemático:
1. Astrofísicos: Entrevistas 523.01

Editora afiliada:

Asociación de Editoriales Universitarias de América Latina y el Caribe

Associação Brasileira de Editoras Universitárias

“Penso que a tarefa do século vindouro,
perante a mais terrível ameaça já
conhecida pela humanidade,
vai ser a de reintegrar os deuses.”

(*André Malraux*)

Este texto é a transcrição do programa NOMS DE DIEUX, de Edmond Blattchen, gravado em 13 de junho de 2000 e transmitido em 10 de setembro do mesmo ano pela Rádio Televisão Belga, acrescida da bibliografia atualizada do autor.

O programa NOMS DE DIEUX, produzido e apresentado por Edmond Blattchen, é uma realização do Centro de Produção da RTBF de Liège.

O editor belga agradece a todos aqueles que tornaram possível a publicação desta obra, particularmente Trinh Xuan Thuan, Edmond Blattchen, Jean-Marie Libon, Jacques Dochamps e a equipe do programa, Mamine Pirotte, diretora do Centro de Produção da RTBF de Liège e "os amigos da RTBF Liège".

A edição belga da presente obra é de François-Xavier Nève de Mévergnies.

Coordenação editorial belga: Laurence Warerkeyn.

A gravação desse programa em VHS, editada por RTBF Vídeo, está disponível na Mediateca da Comunidade Francesa da Bélgica (referência TF 5675).

Sumário

9 Trinh Xuan Thuan, bom dia
por Edmond Blattchen

15 O título
Nome de Deus

29 A imagem
O número premiado

41 A frase
Uma religião cósmica

55 O símbolo
A Via do (justo) meio

67 A aposta
A secreta melodia do universo

83 Notas

93 Bibliografia de Trinh Xuan Thuan

Trinh Xuan Thuan.

Trinh Xuan Thuan, bom dia

por Edmond Blattchen

EDMOND BLATTCHEN – *Senhoras e senhores, bom dia.*

"O que há de mais incompreensível no universo é que ele seja compreensível." O autor dessa frase sabia do que estava falando: era Albert Einstein.

Se o universo é hoje menos misterioso para nós, é notadamente graças a ele, graças à sua teoria da Relatividade Geral. Cada vez mais compreensível, o universo, no limiar do século XXI, aparece-nos também cada vez mais complexo. A incerteza quântica no domínio do infinitamente pequeno e a teoria do caos no do infinitamente grande alteraram completamente nossa visão do mundo por muito tempo cristalizada na concepção de um universo determinista e reducionista herdado de Newton. A Natureza não é mais uma gigantesca máquina, eterna e imutável. É um ser, e que ser! Inventivo, imprevisível e que, como todos nós, tem sua história: um passado, um presente e um futuro. Essa história, como se sabe hoje – é o famoso modelo do big bang[1] *–, começou há quinze bilhões de anos. Uma explosão primordial, tão fantástica a ponto de se perceber ainda hoje a* radiação fóssil,[2] *como dizem os especialistas. Graças às tecnologias cada vez mais precisas, as sondas espaciais e os radiotelescópios nos permitem há cerca de cinqüenta anos decifrar as primeiras notas misteriosas desta* Melodia secreta *– título maravilhoso do livro que, há cerca de 12 anos, revelou ao grande público nosso convidado de hoje.*

Trinh Xuan Thuan, bom dia.

TRINH XUAN THUAN – Bom dia.

Nascido em Hanói, no Vietnã, em 1948, foi nos Estados Unidos que o senhor fez seus estudos de astrofísica, no famoso Caltech, o

Instituto de Tecnologia da Califórnia, e na Universidade de Princeton. Desde 1976, é professor de astrofísica na Universidade de Virgínia.

O senhor tem a tarefa, entre outras, de ensinar a astronomia a poetas. É que a ciência, em seu espírito, não é uma reserva exclusiva, nem o universo é uma propriedade privada. Para o senhor, pelo contrário, comunicar seu encantamento, informar o grande público, vulgarizar suas descobertas, compartilhar seus conhecimentos com a maioria, é um dever. Para o senhor, que é budista, a compaixão, que está no coração de sua espiritualidade, impõe-lhe, como pesquisador, ajudar seus semelhantes a se libertarem desta forma de sofrimento que é a ignorância. Como ultrapassar, efetivamente, a ilusão do eu sem nos libertarmos primeiramente de nosso desconhecimento do mundo que nos cerca? Nesse sentido, cada um de seus livros é um dom, um presente, pelos quais lhe agradecemos.

Obrigado, portanto, por La mélodie secrète [A melodia secreta], *por* Un astrophysicien [Um astrofísico], *sua autobiografia sob forma de diálogos publicada em 1992, por* Le chaos e l'harmonie [O caos e a harmonia]. *O senhor assinou também* Le destin de l'univers [O destino do universo], *no qual nos convida a voltar no Tempo com o senhor por meio da imagem. E obrigado, enfim, por* L'infini dans la paume de la main [O infinito na palma da mão], *um livro escrito a duas mãos, a sua e a de seu amigo Matthieu Ricard, monge budista e intérprete pessoal do Dalailama. Matthieu Ricard foi, numa vida anterior mas ainda muito recente, um pesquisador de alto nível em biologia. Essa obra, um diálogo apaixonante "do* big bang *ao despertar" (seu subtítulo), tem um imenso sucesso de vendas e será brevemente traduzido para várias línguas. Agradecendo-lhe, portanto, por esses livros de ciência e de sabedoria, peço-lhe agora para escrever à sua maneira* NOMS DE DIEUX [*Nomes de deuses*].

O TÍTULO

Nome de Deus

EDMOND BLATTCHEN – *Chamá-lo "TXT", segundo suas iniciais, como se faz nos meios científicos, não seria nem muito polido nem muito amistoso, não é? Posso chamá-lo pelo nome, Trinh Xuan Thuan?*

TRINH XUAN THUAN – Seria um prazer, Edmond!

Thuan, o senhor tem um interesse profundo pela filosofia: gosta de Platão, passou pelo Liceu Francês de Saigon, gosta da literatura francesa, notadamente de Pascal.

Então, seu título desta noite, "Nome de Deus", remete ao Deus de Pascal, que escreveu em seu famoso memorial de 23 de novem-

bro de 1654: "Deus de Abraão, Deus de Isaac, Deus de Jacó, não dos filósofos e dos sábios; Deus de Jesus Cristo"?

Para mim, Deus não é o Deus personificado, barbudo etc., que essa frase parece indicar. Para mim, Deus é antes um princípio criador: o princípio que regulou o universo.

O senhor falava há pouco do *big bang*. O universo partiu de um estado extremamente pequeno, quente e denso, que explodiu. E a cosmologia moderna descobriu que o universo foi ajustado de modo extremamente preciso para que a vida e a consciência aparecessem.

Somos todos poeira de estrelas. Os átomos de que é feito nosso corpo foram fabricados pela alquimia nuclear das estrelas. Sem as estrelas, não estaríamos aqui para falar delas.

Ora, a cosmologia moderna descobriu que a evolução do universo e a formação das estrelas em particular dependem do ajuste extremamente preciso de cerca de quinze constantes físicas – por exemplo, a velocidade da luz, a massa do elétron, a massa do próton, a carga do elétron – que determinam todas as propriedades do universo tal como o conhecemos.

A evolução do universo depende também muito precisamente de suas condições iniciais, ou seja, das condições com as quais ele começou: sua densidade inicial, sua taxa de expansão inicial etc. Como os cosmólogos descobriram esse ajuste de uma precisão extrema? Evidentemente, não se pode recriar o *big bang* em nossos laboratórios: seriam precisos aceleradores de partículas que se estenderiam pela galáxia inteira.

Dispõe-se, entretanto, com os computadores, da possibilidade de imaginar modelos de universo e de brincar com eles.

Sim, o senhor compreendeu bem um de nossos meios de experimentação. Com os computadores, variam-se um pouco as constantes físicas, ou as condições iniciais, do universo; faz-se em seguida evoluir o universo (de modo acelerado!) durante quinze bilhões de anos; e no fim faz-se às máquinas a pergunta que vale mil francos: "Há uma vida e uma consciência?", pergunta à qual os computadores respondem: "Não".

Na vasta maioria dos universos assim construídos por computador, não há vida nem consciência porque as estrelas não se podem formar. Se não há estrelas, não há alquimia nuclear, nem elementos pesados, portanto não há vida nem consciência. Há apenas o nosso universo, onde, por acaso ou por um princípio criador – voltaremos, espero, a essas duas possibilidades –, há o "número premiado"... com o qual tiramos a sorte grande, de algum modo. A imensa maioria dos universos será infértil, desprovida de vida e de consciência, exceto o nosso. Nosso mundo que estamos a olhar, a contemplar, a beleza e a *harmonia* que nos geraram.

O senhor quer dizer com isso que o universo, como disse o físico americano Freeman Dyson,[3] *"sabia que o Homem ia vir"?*

Sim, penso que a presença do homem está inscrita em todos os átomos do universo, e que o universo tende para o homem. Mas, insisto em dizer, é uma posição pessoal. A ciência não permite decidir entre o acaso e a necessidade.

É a sua aposta metafísica, de algum modo?

É uma aposta metafísica que ultrapassa o âmbito da ciência.

O senhor pensa que a ciência poderá um dia demonstrar o que é chamado de princípio antrópico?

O *princípio antrópico* – do grego 'ανθρωπος, *anthrôpos,* "homem" – diz que o universo tende para o homem. Não penso que a ciência o demonstrará. A meu ver, a transcendência de um Deus supera nosso conhecimento racional. Mas o universo no qual estamos mostra um princípio de organização.

É um pouco o Deus de Espinosa ou de Einstein...

Sim. Para mim, Deus é o princípio criador: ele se manifesta pelas leis naturais que regem a natureza, e que a razão pode apreender.

Espinosa dizia: "Deus, ou a Natureza". Isso lhe convém?

Perfeitamente. Sua visão panteísta, verifico-a contemplando a beleza das estrelas, o esplendor das galáxias, a arquitetura majestosa do universo. Para mim, isso é a manifestação de Deus, desse princípio criador.

O big bang *finalmente "escolheu o número premiado" e "nós somos a sorte grande". Entretanto, Bertrand Russell*[4] *disse: "Se eu fosse todo-poderoso, se dispusesse de milhões de anos para me entregar a experiências cujo resultado final seria o homem – a 'sorte grande' de que o senhor fala – não acho que teria muitas razões de me vangloriar".*[5] *Pois a sorte grande é também Adolf Hitler, Pol Pot*[6]*...*

O senhor toca em um ponto no qual as teologias sempre tropeçam: a questão do bem e do mal. Louvei há pouco a harmonia e a beleza do universo, ou seja, o bem. Mas há também muito mal no universo. O senhor fala de Pol Pot e de Hitler, poderia citar Stalin; os exemplos multiplicam-se ao infinito. Essas questões ultrapassam o âmbito da ciência, mas como ser humano devemos abordá-las.

Ora, justamente o bem e o mal coexistem por causa de nosso livre-arbítrio. Nem tudo está escrito desde o início. Disse-lhe que o universo mostra um ajuste de extrema precisão. Mas isso não quer dizer que tudo está determinado desde as primeiras frações de segundo que se seguem ao *big bang*. Seria absurdo dizer que o fato de estarmos ambos aqui conversando tenha sido determinado desde a explosão que ocorreu há quinze bilhões de anos!

Somos livres?

Temos uma parcela de escolha. E alguns homens escolhem o mal. O mal anda infelizmente de mãos dadas com nosso livre-arbítrio.

Seu diálogo com Matthieu Ricard, L'infini dans la paume de la main, *é um diálogo de convergência mais do que um diálogo de confrontação, mas o senhor se afasta dele na noção do princípio criador.*

Sim.

Pois, como budista, ele não pode aceitar a idéia de um início e de um fim das coisas.

Segundo o budismo, nada pode existir por si mesmo, porque tudo é interdependente. Não pode haver causa primeira.

Portanto, o único esquema cosmológico compatível com a visão do budismo é o que se chama um universo cíclico, ou seja, um universo que terá um *big bang*, como o nosso, e que depois um dia atingirá um raio máximo, e em seguida se extinguirá; teremos "um *big bang* ao contrário", o que se chama um grande esmagamento ou um *big crunch*.[7] E depois o universo, tal como a fênix, renascerá de suas cinzas para recomeçar num novo *big bang*, talvez com constantes e leis físicas diferentes, e depois haverá um novo *big crunch* e ainda um novo *big bang*, e assim por diante. Não houve início e não haverá fim.

O senhor é um budista herético?

Pode-se dizer que sim. Se eu aderisse totalmente à filosofia budista, não poderia apostar num princípio criador: é nesse ponto que divirjo de Matthieu Ricard. Mas temos também muitos pontos de convergência.

O que o senhor pensa do dito big crunch? *É um motivo de controvérsia hoje, especialmente nos Estados Unidos.*

Essa questão pode ser resolvida cientificamente. Explico.

O universo está submetido à força do *big bang* que dilui o espaço e impulsiona as galáxias: quando olho através de meu telescópio, todas as galáxias se afastam de mim e se afastam umas das outras. Foi assim que se percebeu que o universo está em expansão.

Há, portanto, uma força de expansão primordial devida ao *big bang*, e em seguida há a força de gravidade devida a toda a matéria no universo (partículas elementares, estrelas, galáxias etc.), que é sempre atrativa e que se opõe ao movimento de expansão universal. É o combate entre essas duas forças que determinará o destino derradeiro do universo. Se a gravidade ganhar, haverá um *big crunch*. Mas se a força da expansão primordial ganhar, haverá uma expansão eterna. É o que se chama modelo do universo aberto, por oposição ao universo fechado do *big crunch*. Esse universo aberto se diluirá e esfriará cada vez mais, até atingir um raio infinito, após um tempo infinito.

As últimas observações sugerem que vivemos num universo que seria exatamente intermediário entre um universo fechado e um universo aberto, e que é chamado universo "plano". Esse universo estaria em expansão até o final dos tempos, e não ocorreria *big crunch*. Será preciso verificar essas medidas por outras observações.

Dito isso, por enquanto, o esquema do universo cíclico não concorda com os dados experimentais.

Um nascer da Terra visto da Lua.

A IMAGEM

O número premiado

EDMOND BLATTCHEN – *A imagem que o senhor escolheu, Trinh Xuan Thuan, é esta da Lua no início, e depois este nascer da Terra visto da Lua. É uma das mais belas imagens do século.*

TRINH XUAN THUAN – Foi a imagem do século XX que mais me emocionou. É a primeira imagem de nosso planeta tomada de um outro ambiente. Ela marca o momento histórico em que, pela primeira vez, o homem pôde libertar-se da gravidade e deixar sua querida Terra para ir pisar o solo de um outro astro. E há também o contraste entre a Lua e a Terra, que prova a unicidade de nosso planeta e mostra quão excepcional ele é. Olhe a Lua. Ela é árida, sem atmosfera, não há vida possível. É um meio muito pouco hospitaleiro. Enquanto a Terra, com, em azul, três quartas partes cobertas de água, com sua atmosfera – estas nuvens brancas que flutuam e ondulam sobre o azul – que protege a vida contra os nocivos raios cósmicos e as radiações que vêm do universo, é nosso oásis. Ela é nosso extraordinário refúgio de vida!

Mas, ao mesmo tempo que sua beleza, percebe-se também sua fragilidade, bolinha flutuando sozinha, no negror do espaço, perdida na imensidão do cosmo...

Essa foto ilustra também o fato de que somos todos interdependentes em nosso planeta e que somos todos responsáveis por ele. Temos todos o dever de preservar nossa pequena ecosfera de vida a todo custo, porque é um refúgio raríssimo no cosmo.

Sabe-se agora que, no sistema solar, a Terra é o único planeta que abriga vida inteligente e consciente. Até agora, a exploração dos outros planetas não revelou nenhuma forma de vida, mesmo no estado muito primitivo de microrganismos. É preciso proteger nosso belo planeta contra o perigo nuclear e contra as perturbações ecológicas. O homem despeja atualmente gás carbônico em excesso na atmosfera, o que provoca o efeito estufa. Desde a era industrial, há menos de duzentos anos somente, a Terra se aquece em média um grau por século: o homem não pode mais continuar a poluir seu planeta!

Essa imagem desperta em mim um sentimento de responsabilidade universal para com nosso planeta azul.

Retomo sua fórmula: "Nós somos a sorte grande"... e temos um grande trabalho.

Exatamente! Temos o dever de nos ajudar mutuamente para achar soluções, porque os problemas nuclear e de poluição não conhecem fronteiras. É problema de todos.

E é preciso verdadeiramente que os homens adquiram a sabedoria de não destruir seu planeta e se autodestruírem, para não tirar o sentido do universo.

Porque penso, para voltar ao princípio antrópico, que somos *nós* que damos sentido ao universo contemplando-o, apreciando sua beleza e harmonia. Para mim, um universo vazio e estéril não teria sentido. Portanto, criaríamos o contra-senso ao destruir nosso planeta e a única forma de inteligência que conhecemos, até nova ordem, no universo.

Sua divisa poderia ser, a propósito desta Terra vista da Lua: Beleza, Fragilidade, Responsabilidade?

Perfeitamente!

Compreende-se melhor então o título deste belo livro que recomendo a nossos leitores se ainda não o leram, L'infini dans la paume de la main: *ele é extraído de um poema de William Blake:*[8] *"Ver um universo num grão de areia e um paraíso numa flor selvagem,* segurar o infinito na palma da mão *e a eternidade numa hora".*

Sublime! A cosmologia moderna deu substância à intuição desse grande poeta. Visto que sabemos agora que somos todos poeira de estrelas e que as estrelas são nossos ancestrais; e que somos irmãos dos animais selvagens e primos das papoulas dos campos.

Compartilhamos a mesma história cósmica. Seguramos o infinito do universo nas palmas de nossas mãos.

O senhor me faz pensar no poema de um outro poeta, São Francisco de Assis, o Cântico das criaturas*: o cântico do irmão Sol, de minha irmã Terra, de minha irmã água...*

Alguns na Igreja, notadamente Pio XII, acreditaram poder tirar partido da teoria do big bang, *que fora imaginada por um cônego belga, Georges Lemaître,*[9] *para dizer: "Mas, afinal, esse* big bang *é o* Fiat lux!".[10]

Tomemos cuidado para não misturar demais a ciência com o que dizem os textos religiosos. É reconfortante e satisfatório que haja convergência. Mas não penso que seja preciso argumentos científicos para provar uma doutrina religiosa. As religiões não precisam disso.

O senhor confessa, entretanto, que aqui é tentador...

É verdade que a teoria do *big bang* introduz a noção de um início, portanto de criação. E uma noção de História do Universo.[11]

Bom! Então, vou voltar a pôr mais um pouquinho de religiosidade na ciência. A seu ver, os telescópios são as catedrais dos tempos modernos?

Sim. Vou freqüentemente aos observatórios para olhar o céu. Toda noite, os domos dos telescópios se abrem. Seus espelhos se voltam para o cosmo para recolher a luz das estrelas. Cada vez que assisto à lenta abertura da fenda do domo e à rotação majestosa do espelho em direção ao firmamento, penso nas catedrais da Idade Média. Suas flechas também se erguem para o céu.

O homem construiu telescópios e catedrais, movido, creio eu, pelo mesmo sentimento de conexão cósmica, o sentimento de estar ligado a algo mais vasto, mais misterioso. A luz das estrelas liga o astrônomo, e portanto o homem, ao cosmo. Ela nos traz notícias do passado, porque os telescópios são também máquinas de voltar no tempo. A luz leva um tempo às vezes imenso para chegar até nós.

Quanto mais longe se vê no espaço, mais longe se vê no passado.

Quanto mais longe se vê, mais cedo se vê. A luz do cosmo sempre nos chega com atraso. A luz da Lua chega até nós um segundo depois de tê-la deixado. O Sol aparece-nos tal qual era oito minutos antes. A estrela mais próxima, há quatro anos. A galáxia mais próxima semelhante à nossa Via Láctea, e que se chama Andrômeda, há dois milhões de anos. A luz que nos chega hoje de Andrômeda partiu dela quando o primeiro homem aparecia na Terra.

E assim por diante... Agora, com o maior telescópio da Terra, pode-se voltar no tempo até dez bilhões de anos, perto do tempo do nascimento das galáxias.

Fique conosco, entretanto! O senhor está voltando, creio, de Arecibo, um dos grandes "templos" contemporâneos da exploração do universo.[12] *Imagino-o lá, em comunicação com o cosmo, com o infinito.*

Qual é a diferença entre seu olhar de astrofísico e a contemplação do monge, quer seja ele cristão ou budista?

Temos em comum o sentimento de pertencer ao cosmo. Ambos nos conectamos ao cosmo e nos fundimos com ele. De minha parte, faço-o com a luz que recolho, procurando conhecer a formação do universo; o monge, budista ou cristão, funde-se no cosmo por sua prece e meditação.

A FRASE

Uma religião cósmica

"A religião do futuro será cósmica,
transcendendo a idéia de um Deus
existindo em pessoa e nascida da
experiência de todas as coisas,
naturais e espirituais."

(Albert Einstein)

EDMOND BLATTCHEN – *Essa frase de Einstein, Thuan, conclui seu livro. Einstein prossegue: "Se existe uma religião que poderia estar de acordo com os imperativos da ciência moderna, é o budismo".*[13]

Mas o senhor acaba de nos dizer, a propósito de Pio XII, que não se deveria misturar ciência e religião. O que é "proibido" a Pio XII é permitido a Einstein?

TRINH XUAN THUAN – Não. Tal procedimento seria absurdo. Queria dizer que tentar justificar o budismo pela ciência, ou a ciência pelo budismo, não tem sentido. Um não precisa do outro para justificar sua existência e seus métodos.

O que eu constato, e verifiquei em meus diálogos com Matthieu Ricard, é que existem convergências indubitáveis entre as visões do mundo oferecidas por um sistema de pensamento, digamos *contemplativo,* e um sistema de pensamento *científico*. Exatamente porque ambos pretendem descrever o real. Eis dois sistemas de pensamento coerentes, que devem se encontrar em algum lugar. Não podem ser completamente paralelos, sem nenhum ponto de contato, porque haveria então no mínimo um deles que não colaria à realidade.

Se um dia o senhor devesse escolher entre o conhecimento científico e o conhecimento búdico, qual seria sua escolha?

Para a descrição dos fenômenos naturais, como cientista, escolheria evidentemente a resposta científica e não a descrição búdica. O ensinamento de Buda não constitui um dogma. Baseia-se na experiência e não em uma revelação.

O próprio Dalai-lama – os pensadores budistas dizem precisamente que suas crenças podem com freqüência ser interpretadas como imagens ou alegorias – admite que se um dia a ciência viesse a demonstrar que certos conceitos búdicos eram falsos, ele o aceitaria.

Mas esse demônio de Bertrand Russell dizia: "O que a ciência não pode descobrir, a humanidade não pode conhecer".[14]

Penso que ele vai longe demais. Estou persuadido de que existem outros modos de conhecimento que não a ciência. Alguém como Buda, para tomar o exemplo supremo, pode apreender a realidade e chegar à verdade de uma maneira totalmente diferente. E tão válida quanto a ciência. A ciência é somente *uma* janela pela qual o humano percebe o real. A poesia, a literatura, a filosofia, a metafísica, a arte... são janelas igualmente válidas. Estes outros modos de conhecimento lançam igualmente um olhar sobre o real e tentam, à sua maneira, compreendê-lo, e apreender o princípio que o governa.

As três noções centrais do budismo, a vacuidade, *a* impermanência *e a* interdependência, *o senhor as aceita?*

Completamente. Reencontro-as no discurso científico. Retomemos as coisas uma a uma.

A *interdependência* afirma que nenhuma coisa pode existir em si, mas que ela está vinculada e conectada a todas as outras. A mecânica quântica, uma das teorias subjacentes à física moderna, mostra que duas partículas, uma vez que interagiram juntas, conservam sua memória: mesmo que uma delas esteja agora em Andrômeda, a dois milhões de anos-luz, e que a outra esteja aqui, se eu perturbar uma, a outra o sabe instantaneamente, sem nenhuma transmissão de informação! A realidade não é mais localizada e fragmentada, e sim holística e global.

Ignora-se muitas vezes, por exemplo, que a Terra e a Lua são interdependentes. A vida em nosso planeta depende igualmente daquela parte dela mesma – a Lua – que se separou dela um dia...

Agora pensa-se que a Lua teria nascido do choque de um asteróide que teria arrancado à Terra um pedaço de sua superfície, o qual, lançado em órbita, teria se tornado nosso satélite. Ora, a Lua, por sua massa girando em torno de nós, estabiliza o eixo de rotação da Terra. E isso favoreceu o aparecimento e o desenvolvimento da vida na Terra. Pois, se a Terra oscilasse constantemente sobre seu eixo, as variações de temperatura em cada lugar do globo seriam grandes demais para permitir o surgimento da vida. Portanto, tudo é interdependente. Sem a interdependência, o mundo não poderia funcionar.

A *vacuidade* é uma conseqüência direta da noção de interdependência. A vacuidade não é o nada, como muitos ocidentais pensam...

Como se pensava no século XIX...

...mas a ausência de existência *própria*. De novo, reencontra-se esse conceito na mecânica quântica. Por exemplo, essa teoria diz que as partículas que compõem esta mesa, quando não são observadas, existem sob a forma de ondas. É somente quando são observadas que se tornam partículas! Algo que é ao mesmo tempo onda e partícula, o que é? É preciso concluir que as partículas que constituem o mundo não têm realidade intrínseca. Eis a *vacuidade.*

Enfim, a *impermanência*. A astrofísica redescobriu esse conceito. Tudo, no universo, muda, se move e tem uma história. O universo teve um início, tem um presente e terá um futuro. As estrelas são impermanentes. Elas nascem, vivem sua vida e morrem. Não na escala de tempo de uma vida humana de cem anos, mas em milhares de anos, até mesmo bilhões de anos. Tudo se move. Esta mesa que o senhor vê imóvel está cheia de elétrons que dançam e rodopiam. Mesmo o espaço que nos rodeia está cheio de bilhões de partículas virtuais, ou seja, de partículas fantasmáticas que aparecem e desaparecem em ciclos de vida e de morte de frações de segundo. Portanto, tudo evolui; tudo é *impermanente.*

Sim, a ciência encontra completamente os três conceitos centrais do budismo.

Eu mesmo não sou mais o mesmo desde o início desta conversa...

Exatamente!

Depois que comecei a escutá-lo...

...*Ambos* aprendemos coisas! Meu cérebro está cheio de imagens, de idéias, de sensações que eu não tinha há alguns minutos.

Thuan, vou fazer-lhe uma pergunta que vai surpreendê-lo. Poderia me dizer por que Einstein, que o senhor cita, não podia ser chinês?

Em outros termos: por que a ciência não nasceu na China, embora esta estivesse à frente do Ocidente em muitos aspectos (a

China inventou, por exemplo, a pólvora e a bússola)? Porque o conceito de um Deus que impõe leis era desconhecido dos chineses.

Para eles, o cosmo resulta da interação das duas forças polares opostas, o *yin* e o *yang*.[15] Não tendo a noção de leis físicas, os chineses não se deram ao trabalho de procurá-las.

O que domina a ótica chinesa e oriental é a ótica holística.[16] *Ao contrário da ótica ocidental, que é cartesiana, dualista, reducionista.*

Exatamente.

Deve-se muito ao reducionismo?

Sim.

Evolui-se, porém, em nossos dias para o que se chama...

...o *holismo*, precisamente; ou seja, a interconexão do todo, a globalidade, a interdependência.

O reducionismo foi, contudo, muito útil e fez progredir a ciência ocidental. Reduz-se aí todo sistema a componentes elementares, cujo comportamento se observa. Depois faz-se a hipótese de que o comportamento global do sistema pode ser compreendido a partir do comportamento desses componentes.

Mas esse procedimento tem seus limites, porque existem sistemas que possuem o que se chama de "propriedades emergentes". O todo é freqüentemente mais do que a soma das partes. Essas propriedades emergentes só se observam quando os componentes estão combinados, juntos. Elas estão ausentes no nível das partículas constitutivas. A vida na Terra, a passagem do inanimado ao animado e, em seguida, a consciência humana são fenômenos emergentes.

Afinal de contas, eram os chineses que tinham razão?

Sim. Mas a visão holística do mundo dos chineses não permitiu o surgimento da ciência. É impossível explicar tudo ao mesmo tempo.

O método reducionista permite-nos progredir passo a passo, montar as peças do quebra-cabeças uma após a outra. Eu não poderia exercer minha profissão de astrofísico se, para calcular a órbita da Terra em torno do Sol, devesse levar em conta ao mesmo tempo a influência gravitacional de todas as estrelas e galáxias no universo. Mas é preciso também compreender que o reducionismo tem seus limites, e acolher uma visão holística. Esta última encontra-se com a interdependência, da qual acabamos de descobrir que era cientificamente fundada.

A combinação de uma galáxia e de uma mandala.

O SÍMBOLO

A Via do (justo) meio

EDMOND BLATTCHEN – *Thuan, o símbolo que o senhor escolheu não está na capa de seu livro,* L'infini dans la paume de la main?

TRINH XUAN THUAN – Sim. Foi Matthieu Ricard que o concebeu. Combinou a foto tirada pelo telescópio espacial Hubble de uma galáxia espiral como a nossa, com estrelas de diversas cores segundo suas idades, e uma *mandala* búdica tibetana. O resultado é magnífico. Agradeço a Matthieu.

No budismo tibetano, uma mandala *não é já uma representação simbólica do universo, destinada a meditar?*

Tem razão. É um instrumento para nos levar à meditação, para descobrir a essência e a pureza primordial do mundo e a natureza de Buda em cada um de nós.

Em termos mais figurativos, uma mandala é um campo de Buda. Nenhum detalhe da mandala é fortuito. Cada um está carregado de um sentido simbólico do qual o praticante deve lembrar-se. Por exemplo, o palácio no centro é feito de diferentes jóias representando a sabedoria e a compaixão. As quatro portas simbolizam as quatro atividades do ser desperto: pacificar (as doenças, as guerras...), desenvolver (as qualidades espirituais, a longevidade...), atrair (para progredir espiritualmente) e subjugar (os obstáculos internos e externos).

Para mim, essa mandala combinada com uma galáxia representa a aliança da ciência, a do mundo fenomenal natural, com o mundo da espiritualidade.

Desde o início deste encontro, observamos as convergências e as diferenças entre ciên-

cia e espiritualidade. A ciência dedica-se ao mundo exterior; a espiritualidade, a meditação búdica, ao mundo interior?

Sim. As finalidades são diferentes porque o cientista estuda o mundo para tentar explicar os fenômenos, para os vincular, para descobrir a unidade do mundo sob a complexidade dos fenômenos, graças à universalidade das leis físicas. Mas a ciência pára aí. Ela não tem nada a dizer sobre os valores morais, nem mesmo éticos. A ciência em si mesma não é boa nem má.

A ciência aplicada pode fazer muito bem, mas também muito mal. Por exemplo, as reações nucleares no Sol geram a energia que é fonte de vida na Terra. Mas a energia nuclear é também a das bombas que foram lançadas sobre Hiroshima e Nagasaki. A mesma ciência pode nutrir a vida, mas também destruí-la. É capaz do melhor e do pior; as mesmas técnicas podem engendrar imensos benefícios, mas também provocar calamidades devastadoras.

Por isso é essencial que a ciência seja completada por uma ética, e por uma espiritualidade que funda essa ética.

A ciência pode funcionar sem a espiritualidade. A espiritualidade pode funcionar sem a ciência. Mas o homem, para ser completo, para não esquecer sua humanidade, precisa das duas.

Trinh Xuan Thuan, quando se pensa em Albert Einstein, não se cogita também que sem ele talvez não tivesse havido as bombas atômicas de Hiroshima e Nagasaki?

Essas bombas não poderiam ter explodido sem sua famosa "equivalência entre energia e matéria", $E = m.c^2$. É, como o senhor sabe, a fórmula mais conhecida de toda a história da física. Ela saiu de sua teoria da Relatividade Restrita. Mas não se detém o progresso da ciência. Se Einstein não a tivesse encontrado, algum outro teria descoberto essa fórmula.

Não. A pergunta verdadeira é: o que deve fazer o cientista, uma vez realizada sua descoberta? Penso que ele não pode mais se entrincheirar na sua torre de marfim. Deve assumir suas responsabilidades morais, sobretudo se os militares, políticos ou industriais se apoderam dos frutos de suas pesquisas com o intuito de perseguir fins bélicos, políticos ou comerciais duvidosos. Em minha área, a astrofísica, felizmente, os problemas são menos agudos, pois os conhecimentos são de natureza fundamental e prestam-se menos às aplicações práticas.

Mas, nas áreas da física nuclear e da genética, as questões éticas se colocam de maneira muito mais premente. Hoje é possível modificar nossos genes (e em breve cloná-los) e fabricar bebês com certas qualidades desejadas. Isso corre o risco de fazer ressurgir as teses eugenistas nazistas ou marxistas: suprimem-se os seres inferiores e constrói-se uma raça supostamente superior. Sem ética e moral para nos guiar, essas pesquisas podem derivar para aplicações extremamente perigosas.

O cientista precisa de espiritualidade não só para guiar a escolha de suas pesquisas, mas também para cuidar para que os militares ou os políticos não façam mau uso delas.

O senhor fala de Einstein várias vezes em seu livro, e também de Oppenheimer.[17] *E cita a reflexão que lhe cruzou o espírito em julho de 1945, quando ele viu a primeira explosão – experimental, não militar – da bomba atômica.*

No deserto de Nevada, sim.

É uma frase do Bhagavad-gîtâ:[18] *"Eu sou a morte, tornei-me destruição do mundo". Isso é terrível, não é?*

Sim. Uma terrível premonição que se revelou exata demais quando bombas atômicas foram jogadas sobre Hiroshima e Nagasaki.

Como se pode ainda viver depois disso?

A devastação das duas cidades japonesas e as centenas de milhares de vítimas pesaram muito na consciência de Oppenheimer, que dirigiu o desenvolvimento dessas bombas atômicas no deserto do Novo México. E quando o princípio da bomba H, baseado na fusão do hidrogênio, foi descoberto, ele recusou-se a participar de sua fabricação.

Estava-se em pleno período do macarthismo[19] nos Estados Unidos, e um outro físico, Edward Teller, acusou-o de ser comunista, simplesmente porque ele se recusava a colaborar na construção de uma nova bomba ainda mais poderosa, capaz de matar ainda mais gente. Ele sofreu muito por essa acusação injusta em sua carreira.

Esse físico conheceu o "pecado" quando fez explodir a primeira bomba atômica. É um peso moral apavorante. Para evitar colocar-se nesse gênero de situação, repito que somente a espiritualidade pode ajudar os cientistas a escolher os temas de sua pesquisa e a controlar melhor a aplicação que outros fazem dela.

Cito Matthieu Ricard em L'infini dans la paume de la main: *"Contentar-se com conhecimentos teóricos corre o risco de fazer de nós um desses seres que não se enganam sobre nada, salvo sobre o essencial".*

Concordo plenamente com o que Matthieu diz: o conhecimento intelectual não basta. Estou persuadido de que o homem precisa de uma outra dimensão. A da religião, da espiritualidade, que lhe dará esse senso da ética que a ciência não pode fornecer, porque não é sua finalidade.

Falou-se muito de sua herança budista. Mas o senhor deve também muito a Confúcio, não?

Sim. Os princípios morais e políticos enunciados pelo filósofo chinês Confúcio no século V a. C. influenciaram profundamente nossas sociedades do Extremo Oriente, e em particular a sociedade vietnamita.

Esta ajusta de maneira confuciana as relações entre os membros de uma família, como entre as diversas camadas sociais, como entre um soberano e seus súditos etc. Sempre pela *Via do meio*.[20] Não se deve jamais ceder aos extremos, quaisquer que sejam. Toda forma de extremismo no pensamento, palavra e ação deve ser banida. Mostrar sentimentos coléricos é conduzir-se como um bárbaro. Sou budista, confucionista, e depois cientista!

A APOSTA

A melodia secreta do universo

EDMOND BLATTCHEN – *Há pouco menos de meio século,*[21] *Thuan, sabemos que o universo tem uma história: um passado e um futuro.*

Como o senhor vê o futuro, primeiramente de nosso mundo, o mundo dos homens?

TRINH XUAN THUAN – A humanidade conhece muitos problemas. Já mencionei alguns deles, entre os quais os perigos nucleares e ecológicos. A superpopulação é um outro. Somos hoje seis bilhões de humanos no planeta e, dentro de cinqüenta anos, seremos dez bilhões. Haverá recursos suficientes para alimentar essa abundante humanidade?

E depois há o problema dito "Norte-Sul". Entre as nações ricas do "Norte" (que inclui a Austrália e a Nova Zelândia) e as nações pobres do "Sul" (com o Haiti e Bangladesh), o fosso do nível de vida se alarga. Os ricos consomem cada vez mais. Por exemplo, os Estados Unidos, que representam somente 4% da população mundial, consomem 25% dos recursos do planeta (os americanos são também responsáveis por 25% da poluição atmosférica da Terra). Mais de um bilhão de pessoas no globo vivem com menos de um dólar por dia. Isso não pode durar! É desequilibrado demais!

E não há somente o fosso entre as riquezas, mas também entre os conhecimentos. Os ricos têm cada vez mais ciência e tecnologia (e portanto poder econômico), enquanto os pobres são cada vez mais despossuídos. A metade da humanidade jamais usou um telefone, e há mais conexões à internet unicamente na cidade de Nova York do que em todo o continente africano.

Não sei como o homem vai reagir a esse desequilíbrio inquietante. Espero que a espiritualidade engendre um sentimento de responsabilidade universal para com os outros e para com o planeta. Falamos desse sentimento de interdependência: nossa felicidade *depende* da felicidade dos outros.

Espero do fundo do coração que esse sentimento leve a melhor sobre o egoísmo. E que os homens compartilhem tudo o que o planeta nos oferece, preenchendo os fossos que eu enumerava. E no fundo de meu coração sou otimista. Creio que, justamente, a espiritualidade, a religião, nos darão esse sentimento de responsabilidade universal.

Gosto de repetir esta frase, tão repisada aliás, de André Malraux: "O século XXI será espiritual ou não existirá".[22] Escrevi em *La mélodie secrète*: "A ciência do século XXI será espiritual ou não existirá".

Os problemas do meio ambiente transcendem as barreiras de raça, de cultura e de religião. Os venenos industriais, os resíduos radiativos e os gases responsáveis pelo efeito estufa não conhecem fronteiras nacionais. Esses problemas e os outros – as guerras, a fome, a pobreza – podem ser resolvidos se tomarmos consciência que nosso interesse e nosso bem-estar estão inextricavelmente ligados aos dos outros.

É o que o Dalai-lama chama – e é o título de seu NOMES DE DEUSES – "A compaixão universal".

É um título esplêndido! Subscrevo-o completamente. A compaixão é o fundamento do budismo: é o compartilhamento da felicidade. Salvo as catástrofes naturais, a ampla maioria dos sofrimentos humanos é causada pelo ciúme, avidez, má vontade, indiferença, em suma, pela atitude egocêntrica que nos impede de pensar na felicidade dos outros.

Acabamos de falar do futuro de nosso pequeno mundo, de nosso planeta.

Falemos um instante do futuro do universo, pois o senhor é um explorador do universo, "um agrimensor do cosmo", como escreveu um de meus colegas. Há vida fora deste planeta?

Excelente pergunta! Não vejo *a priori* por que seríamos os únicos no Universo. Há cem bilhões de galáxias, "vias lácteas" como a nossa, e cada uma contém cem bilhões de estrelas. Se supusermos que cada estrela tem um sistema planetário de dez planetas, multiplicamos por dez estes cem bilhões vezes cem bilhões de possibilidades teóricas de vida. Mesmo que somente um planeta por sistema solar possa abrigar a vida, e que uma estrela em cem possua um sistema solar, restaria ainda um bilhão de possibilidades unicamente na Via Láctea.

Por que nosso planeta seria o único a abrigar a vida e a consciência? A probabilidade de que o universo abrigue vidas extraterrestres é "não nula". Dito isso, toda pesquisa de inteligência extraterrestre está baseada na única forma de vida consciente que conhecemos. A pesquisa de vida extraterrestre terá um caráter antropomórfico até que entremos em contato com uma outra forma de vida inteligente. A única resposta científica no presente é: *não se sabe*.

Além disso, há o famoso argumento de Enrico Fermi:[23] "Se verdadeiramente o universo fosse habitado por um número infinito de planetas que abrigassem uma vida inteligente, por que não somos invadidos por sinais de extraterrestres? Por que os próprios extraterrestres não estão aqui?". Em cinqüenta anos, o homem se libertou de seu planeta e pôs os pés na Lua; e dentro de cerca de cinqüenta anos poremos provavelmente os pés em Marte. Suponhamos que seja preciso esperar um século ou dois para viajar através do sistema solar. Mas onde estaremos dentro de mil, cem mil anos, um milhão de anos ou mesmo cem milhões de anos? O que é isso em relação à história cósmica, de quinze bilhões de anos? Um piscar de olhos! Isso quer dizer que se os extraterrestres existissem, a metade deles, estatisticamente (pois *nós* começamos a conquistar o espaço), teria tido todo o tempo de colonizar a galáxia e de chegar a nosso planeta. Ora, não se vê nenhum! Donde a famosa pergunta muito simples de Enrico Fermi: "Onde estão eles?". Ele conclui, da ausência dos extraterrestres, que não existe nenhum. O debate permanece, portanto, aberto. Na minha opinião, é preciso continuar a procurar. Se captarmos um dia sinais de uma civilização extraterrestre, o debate estará resolvido. Mas se não procurarmos, estaremos certos de nada encontrar.

Nós não estaremos mais aqui; mas nossos tatara...tataranetos, sim: dentro de quatro bilhões e quinhentos milhões de anos, o Sol vai extinguir-se.

A não ser que encontremos uma outra fonte de energia. Temos quatro bilhões e meio de anos para nos prepararmos para isso. A fonte primária de energia na Terra provém do Sol. Resulta da fusão do hidrogênio em hélio em seu núcleo. Dentro de quatro bilhões e meio de anos, o Sol vai esgotar sua reserva de hidrogênio. Vai primeiro tornar-se o que se chama uma gigante vermelha; terá cem vezes seu tamanho atual. Seu invólucro ardente absorverá Mercúrio e Vênus. A Terra ficará incandescente; os oceanos se evaporarão; as florestas queimarão; as rochas se volatilizarão; nenhuma vida será então possível.

Nossos tatara...tataranetos deverão migrar para Plutão, o planeta mais afastado do Sol, para escapar às garras da gigante vermelha. Mas depois ainda de alguns bilhões de anos, a gigante vermelha esgotará por sua vez seu combustível, de hélio desta vez.

Ela se extinguirá e desmoronará para se tornar uma anã branca. Então, não haverá mais energia, e logo a vida não será mais possível no sistema solar. Nesse momento, se nossos tatara... tataranetos quiserem sobreviver, deverão colonizar o espaço, para encontrar uma outra fonte de energia, um outro sol. A morte do Sol não acarreta o fim da humanidade se soubermos desenvolver a tecnologia necessária para encontrar outros planetas onde residir e novas estrelas para obter a energia de que a vida precisa.

Enquanto isso, podemos primeiro preocupar-nos com nosso reino interior...

Sim! E é isso o essencial. Se o homem não for suficientemente sábio para ajudar seus semelhantes e seu planeta, todos os seus sonhos serão reduzidos a nada. Porque ele se autodestruirá. Seja por um cataclismo nuclear, seja tornando a Terra imprópria à vida de tanto perturbar seu equilíbrio ecológico. Evocamos o aquecimento global do planeta devido ao efeito estufa. Há em seguida o caso do buraco de ozônio[24] na atmosfera terrestre acima da Antártida. A camada de ozônio protege-nos dos raios ultravioleta nocivos que vêm do Sol. Os cientistas pensam que o buraco de ozônio é o resultado da interação do ozônio com moléculas complexas usadas para esfriar nossas geladeiras, os "clorofluorocarbonetos". Se o homem não parar urgentemente sua produção, os cânceres de pele se multiplicarão e a vida na Terra não será mais possível.

O homem deve ter a sabedoria de parar seu saque ao planeta. Não deve ceder todo o tempo às sereias do lucro, do dinheiro e do materialismo opulento.

Uma última pergunta, Thuan. A melodia *permanecerá eternamente secreta?*

Penso que sim. Penso que a ciência vai sempre progredir *assintoticamente* rumo à verdade, ou seja, aproximar-se dela sempre mais sem nunca atingi-la. O homem jamais poderá conhecer tudo, porque há limites ao conhecimento racional. Haverá sempre uma parte de transcendência que lhe escapará.

Mas as primeiras notas da melodia do universo parecem-se com o Cravo bem temperado *de Johann Sebastian Bach?*[25]

Essa imagem de uma fuga de Bach a propósito do universo me convém muito. Os fenômenos naturais são bem organizados no mundo; tudo é harmonioso; tudo é belo. As leis físicas são tão bem reguladas – evoquei esse ajuste de uma precisão inimaginável no início de nossa conversa – que aposto num princípio criador.

O universo é como uma fuga de Bach no sentido em que a ciência descobrirá cada vez mais suas notas, mas *a melodia* permanecerá secreta. A ciência se aproximará sempre mais da verdade, mas nunca conhecerá sua última palavra. Houve a física newtoniana, depois a física einsteiniana e a mecânica quântica; o que haverá amanhã? Ora, a física einsteiniana não destrói a física newtoniana (porque as leis de Newton descrevem perfeitamente os fenômenos naturais na vida normal em nossa escala de Tempo e de Espaço), mas quando se está perto de um buraco negro, onde o campo de gravidade é extremo, ou quando se chega perto da velocidade da luz, a física newtoniana não pode mais descrever o que acontece e a física einsteiniana toma seu lugar. Este é apenas um exemplo. A melodia será sempre inacessível. Trata-se de uma razão para abandonar a busca? Não penso isso. O homem continuará a buscar, e suas descobertas continuarão a iluminar sua existência.

Então, obrigado ao big bang *por nos ter trazido Trinh Xuan Thuan! E obrigado à teoria do caos por ter permitido este encontro*

apaixonante: Thuan, o senhor nos abriu seu coração tanto quanto o do universo.
...No fundo, não se trata do mesmo *coração? Pois sabemos agora – graças ao senhor, notadamente – que somos poeira de estrelas; filhos do Uno; da Unidade; do Universo.*

Notas

1 Georges Lemaître (1896-1966), abade, imaginou em 1927 a teoria do Átomo Primitivo, origem da explosão inicial do universo, hoje confirmada sob o nome de *big bang* ("grande explosão") ou cada vez mais freqüentemente de *big bang*. Ver também Georges Lemaître, nota 9, e Edwin Hubble, nota 21 adiante. Em 1994, a observação, pela sonda espacial americana Cobe, de ínfimas variações de temperatura na radiação primitiva do universo foi saudada pelo astrofísico britânico Stephen Hawking como a descoberta científica do milênio. Parece efetivamente que também ela confirma o *big bang*: da explosão inicial à formação das galáxias, precisava-se de tais "grumos" agindo como "sementes de galáxias" na "sopa" primitiva universal; e eles lá estavam.

2 A radiação cósmica de fundo foi descoberta em 1965 por Arno A . Penzias e Robert W. Wilson: é o resíduo da luz intensa dos primeiros momentos do universo, extremamente atenuado

e resfriado, mas irradiando sempre e em toda parte de maneira homogênea. Sua existência era prevista pela teoria do *big bang* ou da explosão original; sua observação experimental a confirma portanto.

3 Astrônomo anglo-americano contemporâneo, autor dos *Dérangeurs d'univers* (Paris, Payot, 1987).

4 Lord Bertrand Russell (1872-1970), matemático, lógico, filósofo e filósofo político britânico. Embora seu trabalho científico seja considerável, ele é muito mais conhecido por suas tomadas de posição idealistas radicais na vida em sociedade. Bertrand Russell declarou um dia ser animado por três paixões: o amor, a sede de conhecer e a compaixão pelo sofrimento de outrem, particularmente dos fracos. Pacifista e socialista decidido, inspirou a Fundação Russell pela Paz e essa espécie de tribunal moral universal que logo foi chamado de "tribunal Russell", o qual estava destinado a se tornar a alma do governo mundial baseado na justiça para o qual ele apelava com sua infatigável energia.

5 Bertrand Russell, *Science et Religion,* Paris, Gallimard, 1971, col. "Folio Essais" n.125.

6 Saloth Sar, dito Pol Pot (1928-1998), chefe do partido marxista-leninista maoísta khmer vermelho e depois tirano do Camboja a partir de

24 de abril de 1975. Seu regime comunista radical fez mais de um milhão de mortos, dos quais mais de cem mil por execução ordenada.

7 *Big crunch* ou "grande implosão", contrário do *big bang*, "grande explosão"; é o aniquilamento final de um universo "fechado", recontraído num único ponto sob o efeito de seu próprio peso. A alternativa clássica a esta hipótese é a morte de um universo "aberto": sendo o universo leve demais para parar sua expansão, morre no frio e na obscuridade.

8 William Blake (1757-1827), gravador, pintor e poeta britânico. Grande admirador da Revolução Francesa, professou abertamente seu ódio da moral cristã e de todo dogmatismo religioso. Desconhecida durante sua vida, sua obra só foi devidamente apreciada no século XX, graças especialmente a André Gide.

9 Georges Lemaître (1896-1966), abade e astrofísico belga, professor na Universidade de Louvain, inventor da teoria do *big bang* sob o nome de Átomo Primitivo. Ele próprio, que recusava ligar sua fé e seu imenso saber, dizia que a Criação não tinha nada a ver com a hipótese científica que ele fora o primeiro a enunciar.

10 "Faça-se a luz." Tradução latina da primeira palavra de Deus no início do Gênesis, o primeiro livro da Bíblia (Gênesis 1:1-5):

No começo, Deus criou o Céu e a Terra.
O universo era informe e vazio, e as trevas cobriam os abismos.
O sopro de Deus planava sobre as águas.
Deus disse: "Faça-se a luz", e a luz se fez.
Deus viu que a luz era boa, e separou a luz das trevas. Chamou a luz dia e as trevas noite.
E houve uma tarde, houve uma manhã: foi o primeiro dia.

11 E mesmo de história linear, como para os judeus e, depois deles, para os cristãos e os muçulmanos, e depois na idéia laica de Progresso, oposta a todas as outras tradições, para as quais o Tempo e a História são cíclicos, perpétuos recomeços do mesmo (cf. o mito do Eterno Retorno).

12 O radiotelescópio de Arecibo foi construído em 1963 na ilha de Porto Rico, nas Antilhas. Aproveitando a depressão natural existente em Arecibo, pôde-se construir aí com menores custos (praticamente sobre o solo) um telescópio que hoje tem um diâmetro de 305 metros. Ele permitiu descobrir e medir pulsares, ou estrelas que pulsam extremamente distantes, desde o início da década de 1980.

13 Cf. *L'infini dans la paume de la main,* p.414.

14 Cf. nota 5.

15 O *yin* e o *yang* ou o *yin-yang:* principal símbolo taoísta. Na origem, trata-se somente das vertentes norte e sul de uma colina, ou seja, de suas vertentes à sombra (ao norte) e ao sol (ao sul): sabe-se quanto a orientação e a geomancia (*feng shui*) são importantes na tradição chinesa. Entretanto, esse par recebeu depois toda sorte de sentidos derivados: frio-calor, noite-dia, trevas-luz, terra-céu, Terra-Céu, preto-branco, fêmea-macho, par-ímpar, vazio-cheio, inerte-animado, morto-vivo, dentro-fora, matéria-pensamento etc., para finalmente classificar o universo inteiro com base em realidades binárias fáceis de contrastar.

Filosoficamente, é tentador unir assim o mal ao bem, e justificar a amoralidade por sua "necessária complementaridade"; mas não é o que faz comumente o pensador chinês, prudente demais para se arriscar a fundar a sociedade sobre tal absurdo.

16 Do grego 'ολος, no neutro 'ολον, *holon*, "todo, inteiro, conjunto, totalidade, globalidade". A palavra e a noção foram popularizadas em parte por Arthur Koestler, por exemplo em *The Ghost in the Machine.*

17 Jacob Robert Oppenheimer (1904-1967), físico americano, aluno de vários cientistas atômicos e físicos quânticos alemães antes da Se-

gunda Guerra Mundial, professor de física nuclear na Universidade de Berkeley. Durante o conflito, dirigiu o projeto Manhattan, destinado a produzir a bomba atômica antes dos nazistas. Os Estados Unidos se serviram dela finalmente não contra a Alemanha, mas contra o Japão, aterrorizando a população, o exército e a corte imperial, aniquilando duas grandes cidades em alguns segundos com somente duas bombas. Após a guerra, como ele continuava a professar idéias de esquerda, foi suspeito de colaboração com a União Soviética e, sem nunca ter sido privado de sua cátedra universitária, foi afastado de toda responsabilidade nuclear delicada demais.

18 O *Bhagavad-gîtâ* ou *Canto do Senhor Bem-Aventurado*. Texto sagrado do hinduísmo compreendido no imenso romance épico chamado *Mahabharata*; é a conversa entre o príncipe Arjuna e seu cocheiro, que é na realidade Krishna ou Vishnu encarnado. Repugna ao guerreiro combater seus primos, massacrar seus próximos; as causas da guerra estão misturadas a justiças contraditórias mas legítimas. O deus apazigua seu temor e explica-lhe, paciente e devotamente, que ele não deve ter medo das conseqüências de seus atos; é um soldado, seu dever é cumprir a tarefa de sua casta, a qual é a de com-

bater seus inimigos; muitos morrerão, que renascerão; e assim gira o mundo; é necessário e suficiente para fazer o bem cumprir seu dever sem se preocupar com o que resultará daí; a isso se dedicam os deuses.

19 Joseph McCarthy (1909-1957), senador americano que, no início dos anos 50, levou uma parte da elite intelectual, judiciária e política dos Estados Unidos à beira da paranóia anticomunista: tudo o que ousasse emitir a mínima reserva em face de seu patriotismo desconfiado e perseguidor era imediatamente denunciado como comunista e traidor da nação. É a época da "caça às bruxas" dos Estados Unidos. Mas quando ele desconfiou que todo o exército estava infiltrado por agentes "pró-soviéticos", em 1954, não foi mais acreditado.

20 A *Via do meio* é uma denominação tradicional do budismo em todo o Oriente, mas o ideal do "justo meio" é universal; o Ocidente não tem também seu AVREA MEDIOCRITAS ou seu IN MEDIO VIRTUS explicitamente, desde a Antigüidade? O próprio chinês Confúcio ou *Kong fuzi*, "mestre Kong" (551-479 a. C.) dá numerosos exemplos em sua doutrina e seus preceitos, freqüentemente transformados em provérbios: "Demais não vale mais que pouco demais"; "Respeite os espíritos mas mantenha-os

a distância" etc. Para Confúcio, como para os gregos, o homem é o meio e a medida do mundo: "É o homem que magnifica a Via [justa: o respeito às regras confucianas], não a Via que magnifica o homem". Entretanto, é a seu neto Tseu-seu ou *Zisi* (483-402) que se deve a redação de um dos tratados clássicos do confucionismo, o *Tchung-yung* ou *Zhongyong*, "O Invariável Meio" ou "A Doutrina do Meio", que popularizará esse termo, "meio" (*tchung* ou *zhong* – a mesma palavra que, em *Tchung-kuo* ou *Zhongguo*, tradicionalmente traduz "o Império do Meio", a China). O princípio central do confucionismo, que regula a sociedade vietnamita como as outras sociedades confucianas do Extremo Oriente, é o do respeito cordial que os filhos devem aos pais *como* os súditos devem respeito a seu "pai", o justo rei, *como* os servidores a seu bom senhor, *como* os homens ao Céu (o princípio criador ou "Deus") etc., por expansão analógica indefinida, mas sempre a adaptar, a "ajustar", pela lealdade, humanidade e polidez.

21 Foi em 1929 que o astrônomo americano Edwin Hubble (1889-1953) observou que as galáxias se afastavam umas das outras; e tanto mais depressa quanto mais afastadas estavam. Tinham, assim, partido de um mesmo ponto; essa observação confirmou de um dia para o outro

a hipótese do abade Lemaître, evocada no início da entrevista, do "átomo primitivo" do universo, hoje admitida por todos sob o nome de *big bang*, ponto de partida de nosso Tempo e de nosso Espaço.

22 Desde os anos 70, atribui-se freqüentemente essa frase a André Malraux; a que ele disse na verdade encontra-se na epígrafe do programa e da coleção NOMS DE DIEUX: "Penso que a tarefa do século vindouro, perante a mais terrível ameaça já conhecida pela humanidade, vai ser a de reintegrar os deuses" (*L'Express,* 21 de maio de 1955).

23 Enrico Fermi (1901-1954), físico italiano que imigrou para os Estados Unidos antes da Segunda Guerra Mundial. Durante o conflito, como ele imaginara, em 1942, e realizara a primeira reação em cadeia (de desintegração do urânio), princípio ao mesmo tempo das centrais nucleares e das bombas atômicas, foi convidado a participar em Los Álamos do projeto Manhattan, dirigido por Robert Oppenheimer (ver nota 17); contribuiu de maneira decisiva para a preparação das bombas de Hiroshima e Nagasaki. A despeito de sua morte prematura, espírito científico eminente e excelente pedagogo e diretor de laboratórios, Fermi é não só um dos mais brilhantes e fecundos físicos de

meados do século XX, mas também um dos que comandaram a pesquisa em física das partículas nos Estados Unidos, dando assim a seu país de adoção o primeiro lugar nessa disciplina que se tornaria rainha das ciências.

24 Principalmente acima da Antártida em 2001. Mas ele cresce todo ano; o buraco na camada de ozônio acima do Ártico pode dentro de algumas décadas atingir as zonas habitadas do Hemisfério Norte e torná-las perigosas, até mesmo inabitáveis.

25 Um dos ápices da história da música, o *Cravo bem temperado* (BWV 846-869 e 870-893) foi composto entre 1722 e 1744. "Bem temperado" significa "de temperamento igual", sendo o temperamento a divisão da escala em doze semitons iguais. Ao contrário de muitas outras obras de Johann Sebastian Bach (1685-1750), o *Cravo bem temperado* nunca caiu no esquecimento. Assim, o grande compositor romântico Robert Schumann (1810-1856) dizia fazer dele seu "pão cotidiano". O grande maestro Hans von Bülow (1830-1894) considerava o *Cravo bem temperado* como o "Antigo Testamento" da literatura pianística, por oposição às últimas sonatas de Ludwig van Beethoven (1770-1827), que qualificava de "Novo Testamento".

Bibliografia de Trinh Xuan Thuan

La mélodie secrète. Et l'homme créa l'univers, Paris, Fayard, col. "Le temps des sciences", 1988; reed. na col. "Folio Essais", Paris, Gallimard, 1991.

Le destin de l'univers. Le big bang et après, Paris, Gallimard, col. "Découvertes", 1992.

Un astrophysicien, Paris, Beauchesne/Fayard, 1992; reed. Paris, Flammarion, col. "Champs/ Flammarion", 1995.

Le chaos et l'harmonie. La fabrication du réel, Paris, Fayard, col. "Le temps des sciences", 1998, reed. na col. "Folio Essais", Paris, Gallimard, 2000.

L'infini dans la paume de la main. Du big bang à l'éveil, em colaboração com Matthieu Ricard, Paris, NIL/Fayard, 2000.

Revistas

L'inné et l'acquis dans le monde des galaxies, *La Recherche*, 135, jul.-ago. 1982, p.902-5.

La masse invisible de l'univers, em colaboração com Thierry Monterle, *La Recherche,* 151, jan. 1984, p.34-45.

Les paramètres de l'univers, *La Recherche,* 162, jan. 1985, p.52-63.

La formation de l'univers, *La Recherche,* 174, fev. 1986, p.172-80.

Nous sommes les enfants des étoiles, *L'Actualité Religieuse,* nº fora de série, set. 1995, p.14-9.

Et l'homme créa l'univers..., *Le Nouvel Observateur,* 31, dez. 1997, p.38-40.

La voie lactée, *Le Nouvel Observateur,* 36, abr. 1999, p.23.

La querelle du Big Bang, *Le Nouvel Observateur*, 1811, 22-28 jul. 1999, p.10-1.

Mouvements dans le cosmos, *Science et avenir,* 635, jan. 2000, p.24-5.

Em colaboração

Sagesses pour aujourd'hui, entrevistas realizadas por Colette Mesnage, Paris, Calman-Lévy, 1999.

Gravações sobre Trinh Xuan Thuan

Trinh Xuan Thuan, entrevista com Edmond Blattchen, programa *Noms de Dieux* de 10 de setembro de 2000, Rádio Televisão Belga. Disponível na Mediateca da Comunidade Francesa da Bélgica, ref. TF 5675.

SOBRE O LIVRO

Formato: 11,3 x 15,5 cm
Mancha: 16 x 27 paicas
Tipologia: Usherwood Medium 10,5/14,4
Papel: Chamois Bulk Dunas 90 g/m² (miolo)
Color Plus Marfim 240 g/m² (capa)
1ª edição: 2002

EQUIPE DE REALIZAÇÃO

Coordenação Geral
Sidnei Simonelli

Produção Gráfica
Anderson Nobara

Edição de Texto
Nelson Luís Barbosa (Assistente Editorial)
Armando Olivetti (Preparação de Original)
Ada Santos Seles e
Carlos Villarruel (Revisão)

Editoração Eletrônica
Lourdes Guacira da Silva Simonelli (Supervisão)
Plano Editoração (Diagramação)

Impresso nas oficinas da
Gráfica Palas Athena